每个冬天的句点都是春暖花开。

纸短情长，方寸若星河。

治愈系金句小纸条

启文 主编

台海出版社

图书在版编目（CIP）数据

治愈系金句小纸条 / 启文主编 . -- 北京：台海出版社 , 2025.7. -- ISBN 978-7-5168-4256-0

Ⅰ . B848.4-49

中国国家版本馆 CIP 数据核字第 2025NV1826 号

治愈系金句小纸条

主　　编：启　文	
责任编辑：姚红梅	封面设计：朱田阳

出版发行：台海出版社
地　　址：北京市东城区景山东街 20 号　　邮政编码：100009
电　　话：010-64041652（发行，邮购）
传　　真：010-84045799（总编室）
网　　址：www.taimeng.org.cn/thcbs/default.htm
E - mail：thcbs@126.com

经　　销：全国各地新华书店
印　　刷：金世嘉元（唐山）印务有限公司
本书如有破损、缺页、装订错误，请与本社联系调换

开　本：787 毫米 ×1092 毫米	1/32
字　数：75 千字	印　张：5.5
版　次：2025 年 7 月第 1 版	印　次：2025 年 7 月第 1 次印刷
书　号：ISBN 978-7-5168-4256-0	

定　　价：49.80 元

版权所有　　翻印必究

目 录
CONTENTS

爱如空气

爱情 / 一半是蜜糖，一半是伤	003
知己 / 人间无趣，幸得有你	009
亲情 / 拥之则安，伴之则暖	014
婚姻 / 不是搭伙，而是余生	020
家庭 / 一半烟火，一半清欢	026
乡愁 / 露从今夜白，月是故乡明	030

物换星移

时间 / 时光荏苒，岁月更迭	035
青春 / 是春日限定，是来日方长	040
成长 / 做大人，也做快乐的小孩	044
当下 / 不念过往，不畏将来	048
遗憾 / 欲买桂花同载酒	053
生死 / 生如夏花，逝若秋叶	061

― 市井晨昏 ―

生活 / 三餐烟火暖，四季皆安然	067
四季 / 等春风得意，等时间嘉许	074
自然 / 一花一世界，一叶一菩提	080
旅途 / 最美的风景在路上	084
悦己 / 春风十里，不如悦己	088
热爱 / 热爱可抵岁月漫长	092

― 人间清醒 ―

内耗 / 除了生死，都是小事	097
竞争 / 昨日之深渊，今日之浅谈	102
梦想 / 耀眼一点，你有资格	107
自律 / 独处守心，群处守口	112
松弛 / 理解一切，包括自己	116

自在独行

坚强 / 哭给自己听，笑给别人看　　123

钝感力 / 心若不动，风又奈何　　127

内心富足 / 心中有花，何惧风霜　　131

孤独 / 人类的悲欢并不相通　　135

独立 / 不依附不攀附，不委屈不将就　　141

自由 / 你是风啊，别怕大山　　145

人生海海

逆境 / 行到水穷处，坐看云起时　　151

得失 / 输得起，方能赢　　156

学问 / 世事洞明皆学问　　159

释怀 / 盛不盛开，花都是花　　163

当你觉得世界有点冷时,这里藏着一千种拥抱的方式。

爱如空气

爱,

是烟火里的糖,是夜归路上的光。

爱,

是人间的暖,是岁月的藏。

爱情 / 一半是蜜糖，一半是伤

我藏不住秘密，
也藏不住忧伤，
正如我藏不住爱你的喜悦，
藏不住分离时的彷徨。

- 你若拥我入怀，
  疼我入骨，
  护我周全，
  我愿意蒙上双眼，
  不去分辨你是人是鬼，
  你待我真心或敷衍，
  我心如明镜。
  我只为我的喜欢装傻一程。

- 我走过许多地方的路，
  行过许多地方的桥，
  看过许多次数的云，
  喝过许多种类的酒，
  却只爱过一个正当最好年龄的人。

- 我如果爱你，
  绝不像攀缘的凌霄花，
  借你的高枝炫耀自己；
  我必须是你近旁的一株木棉，
  作为树的形象和你站在一起。

- 爱情不是避难所，
  想进去避难的话，
  是会被赶出来的。

- 我要用尽我的万种风情，
  让你在将来任何不和我在一起的时候，
  内心无法安宁。

- 我无法控制自己的眼睛，
  忍不住要去看他，
  就像口干舌燥的人明知水里有毒却还要喝一样。
  我本来无意去爱他，
  我也曾努力地掐掉爱的萌芽，
  但当我又见到他时，
  心底的爱又复活了。

- 爱之于我，
  不是肌肤之亲，
  不是一蔬一饭，
  它是一种不死的欲望，
  是疲惫生活中的英雄梦想。

- 你的眼睛真好看，
  里面有晴雨、
  日月、山川、江河、云雾、花鸟，
  但我的眼睛更好看，
  因为我的眼里有你。

- 我曾经默默无语、
  毫无指望地爱过你,
  我既忍受着羞怯,
  又忍受着嫉妒的折磨;
  我曾经那样真诚、
  那样温柔地爱过你;
  但愿神明保佑你,
  另一个人也会像我一样爱你。

- 暗恋,
  是一个人的兵荒马乱。
  你征战沙场无人知晓,
  战死沙场无人关心,
  从头到尾,
  只有一个人。

- 有人说,
  爱上一座城,
  是因为城中住着某个喜欢的人。

其实不然,

爱上一座城,

也许是为城里的一道生动风景,

为一段青梅往事,

为一座熟悉老宅。

或许,

仅仅为的只是这座城。

就像爱上一个人,

有时候不需要任何理由,

没有前因,

无关风月,

只是爱了。

- 你问我爱你值不值得,

  其实你应该知道,

  爱就是不问值不值得。

- 世界上最遥远的距离,

  不是生与死的距离,

而是，
我就站在你面前，
你却不知道我爱你。

- 爱情有如甘霖，
没有了它，
干裂的心田，
即使撒下再多的种子，
终是不可能滋发萌芽的生机。

- 晓看天色暮看云，
行也思君，
坐也思君。

- 假装擦肩而过不看你，
却用余光瞥了你一万遍。

知己/人间无趣，幸得有你

你在，
胜过千万个泛泛之交。

- 很少和你说谢谢，
  因为觉得太过官方，
  但就在此刻真的好想跟你说谢谢，
  谢谢你让我人生的大多时候都觉得这个世界很美好。

- 三十年在一起，
  比爱情更清澈。
  我熟悉你的每一道纹理，
  你了解我的诗行。

- 绿蚁新醅酒,红泥小火炉。
  晚来天欲雪,能饮一杯无?

- 真正的情谊,
  无关风月,纤尘不染,
  只因你在,我也在,
  你未离,我亦未弃。
  羁绊,本就如此简单。

- 一死一生,乃知交情;
  一贫一富,乃知交态;
  一贵一贱,交情乃见。

- 有些人注定是生命中的过客,
  而有些人则是生命中的礼物。

- 真正的知己,
  是在你最需要的时候,
  默默站在你身边的人。

- 年轻时，
  我会向众生索要他们能力范围之外的：
  友谊长存，热情不减。
  如今，
  我明白只能要求对方能力范围之内的：
  陪伴就好，不用说话。

- 真诚的友谊永远不会特别表白的。
  真正的好朋友彼此不必特别通信，
  因为是对彼此的友情信而不疑，
  谁也不需要写什么。
  一年分别后，
  再度相遇，
  友情如故。

- 在人生的道路上，
  我们最大的悲哀，
  不是没有知己，
  而是有了知己却不知珍惜。

- 一个人，
  无论多么成功，
  如果连个朋友都没有，
  那他可能缺乏真诚和信任。

- 爱情是灯，友情是影子，
  当灯灭了后，
  你会发现你的周围都是影子。
  朋友，
  是在最后可以给你力量的人。

- 我愿我的朋友也在生命中最美好的片刻想起我来。
  在一切天清地廓之时，
  在叶嫩花初之际，
  在霜之始凝，
  夜之始静，
  果之初熟，
  茶之方馨……的刹那，
  想及我。

- 不要走在我后面，
  因为我可能不会引路；
  不要走在我前面，
  因为我可能不会跟随；
  请走在我的身边，
  做我的朋友。

- 不管你曾经被伤害得有多深，
  总会有一个人的出现，
  让你原谅之前生活对你所有的刁难。

- 君子之交淡若水，
  小人之交甘若醴；
  君子淡以亲，
  小人甘以绝。

- 君埋泉下泥销骨，
  我寄人间雪满头。

亲情 / 拥之则安，伴之则暖

爷爷还活着的时候，
这个世界的风雨，
都绕过我，
向他一个人倾斜。

- 我们急于摆脱父母的束缚，
  殊不知那会成为后来，
  最求之不得的牵挂。

- 与君世世为兄弟，
  更结来生未了因。

- 父母在,
  人生尚有来处;
  父母去,
  人生只剩归途。

- 孩子大了,
  变成了母亲的心事,
  母亲的心事,
  是夏天的树叶,
  怎么落,
  也落不尽。

- 我养育你,并非恩情,
  只是血缘使然的生物本能,
  所以,我既然无恩于你,
  你也无须报答我,
  反而我要感谢你,
  因为有你的参与,
  我的生命才更完整。

- 你的儿女,

  其实不是你的儿女。

  他们是生命对于自身渴望而诞生的孩子。

  他们借助你来到这世界,

  却非因你而来。

  他们在你身旁,

  却并不属于你。

- 抱怨对方前先看看自己,

  没有人可以无条件喜欢你,

  除了亲人。

- 我的任务就是张开怀抱站在那里,

  等你在有需要的那天扑进来,

  要是你扑进来,

  我会好好爱你,

  要是你不扑进来,

  我也会爱你。

  因为做父母就是这样。

- 岁月不是偷走妈妈青春的小偷,
  我才是。

- 宇宙洪荒,
  生命浩瀚,
  但只有你和我,
  真正分享过心跳。

- 殚竭心力终为子,
  可怜天下父母心!

- 你可以对我提任何要求,
  但对生活不行。

- 你其实并没有想象中那么依赖父母,
  但父母依赖你的程度远远超过你的想象。

- 树欲静而风不停,
  子欲养而亲不待。

- 相信这世界上，
  有些人有些事有些爱，
  在见到的第一次，
  就注定要羁绊一生，
  就注定像一棵树一样，
  生长在心里，
  生生世世。

- 父母之爱子，
  则为之计深远。

- 人，
  即使活到八九十岁，
  有母亲便可以多少还有点孩子气。
  失了慈母就像花插在瓶子里，
  虽然还有色有香，
  却失去了根。

- 家人就是，
  即使你把一切都搞砸了，
  他们依然不会离开你。

- 比起从前向往远方的心，
  现在只想在你身边尝尝你做的饭。

婚姻 / 不是搭伙，而是余生

桥上是绿叶红花，
桥下是流水人家；
桥的那头是青丝，
桥的这头是白发。

- 我先以为我是个受得了寂寞的人。
  现在方明白我们自从在一起后，
  我就变成一个不能同你离开的人了。

- 一愿郎君千岁，
  二愿妾身常健，
  三愿如同梁上燕，
  岁岁长相见。

- 愿为双飞鸟，比翼共翱翔。
  丹青着明誓，永世不相忘。

- 凤凰于飞，梧桐是依。
  雍雍喈喈，福禄攸归。

- 结发为夫妻，恩爱两不疑。
  欢娱在今夕，嬿婉及良时。

- 婚姻像是一座围城，
  城外的人想进去，
  城里的人想出来。

- 婚姻是爱的结束，
  也是爱的尝试，
  也是爱的起头。

- 浮世万千，吾爱有三，日月与卿。
  日为朝，月为暮，卿为朝朝暮暮。

- 决定嫁给一个人,
  只需一时的勇气;
  守护一场婚姻,
  却需要一辈子的倾尽全力。
  因为,
  从一开始,
  爱情就是一件浪漫的事,
  而婚姻,
  却是一件庄严的事。

- 夫妻之间的关系,
  不仅仅是爱情,
  更是一种互相理解、互相支持的伴侣关系。
  只有两个人真正心心相印,
  才能够白头偕老。

- 婚姻的艺术在于:
  不要期望丈夫是戴着光环的神,
  妻子是飞翔的天使。

- 两姓联姻，一堂缔约，
  良缘永结，匹配同称。
  看此日桃花灼灼，宜室宜家，
  卜他年瓜瓞绵绵，尔昌尔炽。
  谨以白头之约，书向鸿笺，
  好将红叶之盟，载明鸳谱，
  此证。

- 愿此生终老温柔，白云不羡仙乡。

- 至近至远东西，至深至浅清溪。
  至高至明日月，至亲至疏夫妻。

- 婚姻就是，
  即使我们互相讨厌，
  但依然选择一起面对这个世界。

- 宜言饮酒，与子偕老。
  琴瑟在御，莫不静好。

- 幸福的家庭都是相似的,
  不幸的家庭各有各的不幸。

- 婚姻的成功取决于两点:
  相互尊重;
  有效沟通。

- 爱,不是找一个完美的人,
  而是学会用完美的眼光欣赏不完美的人。

- 婚姻需要两个人共同经营,
  而不是互相消耗。

- 得成比目何辞死,
  愿作鸳鸯不羡仙。

- 在天愿作比翼鸟,
  在地愿为连理枝。

- 愿得一心人,
  白头不相离。

- 婚姻的成功取决于两个人,
  而一个人就可以使它失败。

- 老实说,
  不管你跟谁结婚,
  结婚以后,
  你总发现娶的不是原来的人,
  换了另外一个。

家庭 / 一半烟火,一半清欢

还记得你说家是唯一的城堡,
随着稻香河流继续奔跑,
微微笑,
小时候的梦我知道。

- 如果有一个房子,
  可以让人喝醉,
  埋起头来哭泣,
  放下所有的羞耻和秘密。
  它就是自己的家。

- 家人之间的爱没办法非黑即白,
  相互依存就是同时损耗又修补着。

- 一朝辞此地,四海遂为家。

- 一个人心中的家,
  并不仅仅是一间属于自己的房子,
  而是长年累月在这间房子里度过的生活。

- 一个朋友能因你的聪慧而爱你,
  一个情夫能因你的魅力而爱你,
  但一个家庭能不为什么而爱你,
  因为你生长其中,
  是它的一部分。

- 没有了家庭,
  在广大的宇宙间,
  人会冷得发抖。

- 家是世界上唯一隐藏人类缺点与失败的地方,
  它同时也蕴藏着甜蜜的爱。

- 积善之家,
  必有余庆;
  积不善之家,
  必有余殃。

- 茅檐低小,
  溪上青青草。
  醉里吴音相媚好,
  白发谁家翁媪?
  大儿锄豆溪东,
  中儿正织鸡笼。
  最喜小儿亡赖,
  溪头卧剥莲蓬。

- 幸福莫过于厨房有烟火,
  家里有温度。
  世界很大,
  幸福很小,

有你们很温暖，
一想到能和你们共度余生，
我对生活就充满期待。

乡愁 /露从今夜白，月是故乡明

西北偏北，羊马很黑，
你饮酒落泪，
西北偏北，把兰州喝醉。

- 无论脚步走多远，
  在人的脑海中，
  只有故乡的味道熟悉而顽固，
  它就像一个味觉定位系统，
  一头锁定了千里之外的异地，
  另一头则永远牵绊着，记忆深处的故乡。

- 人们懂得用五味杂陈形容人生，
  因为懂得味道是每个人心中固守的乡愁。

- 故乡是即便不特意思念,
  也会自然浮现的地方。

- 世上本没有故乡的,
  只是因为有了他乡。

- 故乡的歌是一支清远的笛,
  总在有月亮的晚上响起。

- 我的灵魂永远在流浪,
  在寻找那失去的故乡。

- 小时候,
  故乡的山川风物润色了童年时光,
  长大后,
  我们为梦想远赴他乡,
  但记忆中的故乡没有褪色,
  时不时回家看看,
  成为人们慰藉乡愁的共同选择。

- 对于故乡,
  我忽然有了新的理解:
  人的故乡,
  并不止于一块特定的土地,
  而是一种辽阔无比的心情,
  不受空间和时间的限制;
  这心情一经唤起,
  就是你已经回到了故乡。

- 多年以后,
  当年少的梦想尘埃落定,
  才知晓,
  远方有多远,
  牵挂就有多长。

- 风一更,
  雪一更,
  聒碎乡心梦不成,
  故园无此声。

物换星移

是非成败转头空。

青山依旧在,几度夕阳红。

时间

青春

成长

当下

遗憾

生死

时间 /时光荏苒，岁月更迭

时间是残酷且温柔的：
会带来所有，
也会治愈一切。

- 有些事不必刻意去忘记，
  时间会把它变得云淡风轻。

- 年少不得之物终将困其一生，
  暮年浮光之景将之瞬息点醒，
  又终会因一物一事而解终生之惑。

- 多情应笑我，早生华发。
  人生如梦，一尊还酹江月。

- 人生天地之间,
  若白驹之过隙,
  忽然而已。

- 时间是让人猝不及防的东西,
  晴时有风阴时有雨,
  争不过朝夕,
  又念着往昔,
  偷走了青丝却留住一个你。

- 一天很短,
  短得来不及拥抱清晨,
  就已经手握黄昏。
  一年很短,
  短得来不及细品初春殷红窦绿,
  就要打点素裹秋霜。
  一生很短,
  短得来不及享用美好年华,
  就已经身处迟暮。

- 燕子去了,

  有再来的时候;

  杨柳枯了,

  有再青的时候;

  桃花谢了,

  有再开的时候。

  但是,

  聪明的,

  你告诉我,

  我们的日子为什么一去不复返呢?

- 盛年不重来,一日难再晨。

  及时当勉励,岁月不待人。

- 似水流年是一个人所有的一切,

  只有这个东西才真正归你所有。

  其余的一切,

  都是片刻的欢娱和不幸,

  转眼间就已跑到似水流年里去了。

- 但是太阳,

 它每时每刻都是夕阳也都是旭日。

 当它熄灭着走下山去收尽苍凉残照之际,

 正是它在另一面燃烧着爬上山巅布散烈烈朝晖之时。

 那一天,

 我也将沉静着走下山去,

 扶着我的拐杖。

 有一天,

 在某一处山洼里,

 势必会跑上来一个欢蹦的孩子,

 抱着他的玩具。

 当然,

 那不是我。

 但是,

 那不是我吗?

- 我们计算着每一寸逝去的光阴,

 我们跟它们分离时所感到的痛苦和悲伤,

 就跟一个守财奴在眼睁睁地瞧着他的积蓄一个子儿、

一个子儿地给强盗拿走而没法阻止时所感到的一样。

- 黄河走东溟,白日落西海。
  逝川与流光,飘忽不相待。

- 年年岁岁花相似,岁岁年年人不同。

- 日月不肯迟,四时相催迫。

- 最是人间留不住,朱颜辞镜花辞树。

- 天可补,海可填,南山可移。
  日月既往,不可复追。

青春 / 是春日限定，是来日方长

青春是一阵偶尔划过的风，
不经意间，
已吹得我泪流满面。

- 青春不是年华，
  而是心境；
  青春不是桃面、丹唇、柔膝，
  而是深沉的意志、恢宏的想象、炽热的感情。

- 少年心动是仲夏夜的荒原，
  割不完烧不尽，
  长风一吹，
  野草就连了天。

- 岁月因青春慨然以赴而更加静好，
  世间因少年挺身向前而更加瑰丽。

- 少年就是少年，
  他们看春风不喜，
  看夏蝉不烦，
  看秋风不悲，
  看冬雪不叹。
  看满身富贵懒察觉，
  看不公不允敢面对，
  只因他是少年。

- 青春是一场大雨，
  即使感冒了，
  还盼望回头再淋它一次。

- 没有人永远年轻，
  但永远有人年轻。

- 银鞍绣障,
  谁家年少,
  意气自飞扬。

- 青春就是用来追忆的,
  当你怀揣着它时,
  它一文不值,
  只有将它耗尽后,
  再回过头看,
  一切才有了意义。

- 四时可爱唯春日,
  一事能狂便少年。

- 年轻多么好,
  因为一切都可以发生,
  一切都可以消弭,
  因为可以行,
  可以止,

可以歌，
可以哭。

- 当时的他是最好的他，
  后来的我是最好的我。
  可是最好的我们之间，
  隔了一整个青春。
  怎么奔跑也跨不过的青春，
  只好伸出手道别。

- 少年与爱永不老去，
  即便披荆斩棘，
  终失怒马鲜衣。

成长 / 做大人，也做快乐的小孩

小时候，
哭是我们解决问题的绝招。
长大后，
笑是我们面对现实的武器。

- 每个人都会经过这个阶段，
  见到一座山，
  就想知道山后面是什么。
  我很想告诉他，
  可能翻过山后面，
  你会发现没什么特别。
  回望之下，
  可能会觉得这一边更好。

- 你会发现,
  长大这两个字连偏旁都没有,
  只能靠自己。

- 你要克服的是你的虚荣心,
  是你的炫耀欲,
  你要对付的是你的时刻想要冲出来想要出风头的小聪明。

- 请磨掉自己身上的躁气和戾气,
  平静地面对生活。
  生活的真谛往往就在于平淡之间,
  不管是风雨飘摇一生还是庸庸碌碌一生,
  我们终会归于平淡。
  当所有的轰轰烈烈成为笑谈的一刻,
  才是我们真正的享受生活的一刻。

- 真正的成长是学会接纳自己,
  承认长大有些扫兴,
  但依然努力活得尽兴。

- 我们终此一生，
  就是要摆脱他人的期待，
  找到真正的自己。

- 当明天变成了今天，
  今天成了昨天，
  最后成为记忆里不再重要的某一天时，
  我们突然发现自己在不知不觉中已被时间推着向前走。

- 今天比昨天慈悲，
  今天比昨天智慧，
  今天比昨天快乐。
  这就是成功。

- 谁不是一边受伤，
  一边学会坚强。
  成长就是这样，
  你得接受这个世界给你的所有伤害，
  然后无所畏惧地长大。

- 成长的一部分就是你会不断地和熟悉的东西告别，
  和一些人告别，
  做一些以前不会做的事，
  爱一个可能没有结果的人。
  不做一些事心痒痒，
  做了又觉得自己傻。

- 世界是美丽的，
  就算充满悲伤和泪水，
  也请睁开你的双眼，
  去做你想要做的事情，
  成为你想要成为的人，
  去找到你的朋友。
  不必焦躁，
  慢慢地长大。

- 成长就是一遍遍推翻和重建自己，
  带着迷惘与不确定，
  坚定地走向下一个阶段。

当下 / 不念过往,不畏将来

所谓的光辉岁月,
并不是后来闪耀的日子,
而是无人问津时,
你对梦想的执着追求与付出。

- 人争不过岁月,
  也跑不过时间,
  唯有以自己喜欢的方式,
  过好每一个日出日落。

- 永远不要期待从天而降的奇迹。
  只有每一个稍纵即逝的当下,
  才是你能够有所作为的唯一时刻。

- 因为我既不生活在过去，

  也不生活在未来，

  我只有现在，

  它才是我感兴趣的。

  如果你能永远停留在现在，

  那你将是最幸福的人。

  你会发现沙漠里有生命，

  发现天空中有星星，

  发现士兵们打仗是因为战争是人类生活的一部分。

  生活就是一个节日，

  是一场盛大的庆典。

  因为生活永远是，

  也仅仅是我们现在经历的这一刻。

- 谁都不知道明天是天堂还是地狱，

  你唯一能做的就是现在努力，

  跑不过时间，

  就跑过昨天的自己。

- 我不再继续沉溺于过去，

  也不再为明天而忧虑，

  现在我只活在一切正在发生的当下，

  今天，

  我活在此时此地，

  如此日复一日。

- 似乎我们总是很容易忽略当下的生活，

  忽略许多美好的时光。

  而当所有的时光在被辜负被浪费后，

  才能从记忆里将某一段拎出，

  拍拍上面沉积的灰尘，

  感叹它是最好的。

- 不要为过去的错误或未来的不确定而忧虑，

  要活在当下这个唯一你能掌控的时刻。

- 对未来的真正慷慨，

  是把一切都献给现在。

- 生命和时间都是一次性的,
  过了就没了,
  无法回头。
  与其在终点找答案,
  不如在旅途中找快乐。
  我不在乎这个世界是怎么回事,
  我只想弄清楚如何在其中生活。
  也许当你明白如何在世界上生活后,
  你就会懂得这个世界究竟是怎么回事了。

- 过去的已过去,
  未来的还未来,
  不管是怀恋还是期待,
  重要的是把握现在。
  世间所有的美好,
  均在今日。

- 天地有万古,此身不再得;
  人生只百年,此日最易过。

- 从前种种,
  譬如昨日死;
  以后种种,
  譬如今日生。
  时光游走,
  我们唯一能把握住的,
  只有现在。

- 结果能带给你的,
  过程也能带给你;
  但过程能带给你的,
  结果却不一定。
  全力奔赴终点,
  也别忘沿途风景。

- 明天和意外永远不知道哪个先来,
  过好今天,
  活好当下,
  才是最清醒的活法。

遗憾／欲买桂花同载酒

故事的开头总是这样,
适逢其会,猝不及防。
故事的结局总是这样,
花开两朵,天各一方。

- 我们不可能在晚秋时节,
  还会找到我们在春天和夏天错过了的鲜艳花儿。

- 以前总说海底月是天上月,
  眼前人是心上人。
  后来才懂,
  海底月捞不起,
  心上人不可及。

- 人生的每一步都不能重复,
  人生是遗憾的艺术。

- 她那时候还太年轻,
  不知道所有命运赠送的礼物,
  早已在暗中标好了价格。

- 错过一些人是毕生修行,
  即使千年寺庙,
  也无法私有黄昏。

- 只见雪穗正沿着扶梯上楼,
  她的背影犹如白色的影子。
  她一次都没有回头。

- 一切都明明白白,
  但我们仍匆匆错过。
  因为你相信命运,
  因为我怀疑生活。

- 可一想到终将是你的路人，
  便觉得，
  沦为整个世界的路人。
  风虽大，
  都绕过我灵魂。

- 其实我早就知道我们不合适，
  但我还是拒绝了所有人，
  陪你走过一段没有结果的路。
  虽然时间不长，
  但毕生难忘。
  想想真是心酸，
  留住你和放下你，
  我都做不到。

- 人生若只如初见，
  何事秋风悲画扇。
  等闲变却故人心，
  却道故人心易变。

- 欲买桂花同载酒，
  终不似，少年游。

- 日落归山海，
  山海藏深意。
  没有人不遗憾，
  只是有人不喊疼！
  无能为力时，
  人们总爱说顺其自然。
  我抓不住时间的美好，
  只好装作万事顺遂的样子。
  我种了花，
  花盛开了，
  我只是花农不是主人。

- 仅一夜之间，
  我的心判若两人。
  他自人山人海中来，
  原来只为给我一场空欢喜。

- 那时候我们有梦，
  关于文学，
  关于爱情，
  关于穿越世界的旅行。
  如今我们深夜饮酒，
  杯子碰到一起，
  都是梦破碎的声音。

- 我曾捡到一束光，
  日落时还给了太阳。
  我知道那不是属于我的太阳，
  但有一刻，
  太阳确实照在了我的身上。

- 酒杯太浅，
  敬不了来日方长。
  巷子太短，
  走不到白发苍苍。
  不是少年守不住旧心，

而是岁月慌了人心，

人生最大的遗憾，

不是错过了最好的人，

而是错过了那个想对你好的人。

- 叹人间，美中不足今方信。

  纵然是齐眉举案，

  到底意难平。

- 后来我才知道，

  它并不是我的花，

  我只是途经了它的盛放。

- 不是没有遗憾，

  不是不惆怅，

  而是只能如此。

- 人面不知何处去，

  桃花依旧笑春风。

- 有些故事还没讲完那就算了吧!
  那些心情在岁月中已经难辨真假,
  如今这里荒草丛生没有了鲜花,
  好在曾经拥有你们的春秋和冬夏。
  他们都老了吧?
  他们在哪里呀?
  我们就这样,
  各自奔天涯。

- 沧海月明珠有泪,
  蓝田日暖玉生烟。
  此情可待成追忆,
  只是当时已惘然。

- 事隔经年,
  若我会见到你,
  我该如何祝贺?
  以眼泪,
  以沉默。

- 你不停地翻找文案，

  是想找那个，

  能替你说出故事的人吗?

- 林花谢了春红，

  太匆匆。

  无奈朝来寒雨晚来风。

  胭脂泪，

  相留醉，

  几时重。

  自是人生长恨水长东。

- 侯门一入深如海，

  从此萧郎是路人。

生死 / 生如夏花，逝若秋叶

把自己还给自己，
把别人还给别人，
让花成花，让树成树，
从此山水一程，
再不相逢。

- 最难过的，
  不是他离开的那个当下，
  而是日后你思念他的每一刻，
  是生活里的点点滴滴。

- 死亡是每个人的终点，
  众生平等的终点。

- 我们既到世上走了一道，
  就得珍惜生命的价值。
  在某种意义上说，
  生要比死更难。
  死，
  只需要一时的勇气，
  生，
  却需要一世的胆识。

- 他只是跳出了时间，
  变成宇宙里最原始的分子和原子，
  重新构建成你身边的其他事物。
  他离开了，
  却散落四周。

- 最初我们来到这个世界，
  是因为不得不来；
  最终我们离开这个世界，
  是因为不得不走。

- 我生命中的千山万水,
  任你一一告别。
  世间事,
  除了生死,
  哪一件不是闲事。

- 一个人的死,
  对于这个世界来说不过是多了一座坟墓,
  但对于和他相依为命的人来说,
  却是整个世界都被坟墓掩埋。

- 死亡就是蜕茧成蝶,
  归于长空;
  是雪化为水,
  归于大地;
  是一滴水,
  沉入江河海洋;
  从此再分不出你,
  抑或整个世界。

- 十年生死两茫茫,
  不思量,自难忘。

- 人类只是茫茫宇宙一个小小的天地,
  转眼间就会灰飞烟灭,
  化为培育新芽的养料。
  花草树木、飞禽走兽、
  芸芸众生、点点星辰以及大千世界,
  都会在获得生命之后走向死亡,
  然后转化成别的什么。

- 生如夏花之绚烂,
  死如秋叶之静美。

- 死并非生的对立面,
  而是作为生的一部分永存。

- 死亡不是失去生命,
  而是走出了时间。

市井晨昏

市井长巷，

聚拢来是烟火，

摊开来是人间。

生活

四季

自然

旅途

悦己

热爱

生活／三餐烟火暖，四季皆安然

生活是种律动，

须有光有影，

有左有右，

有晴有雨，

滋味就含在这变而不猛的曲折里。

- 仅仅活着是不够的，

  还需要阳光、

  自由和一点花的芬芳。

- 我们对于人生可以抱着比较轻快随便的态度：

  我们不是这个尘世的永久房客，

  而是过路的旅客。

- 与人间烟火共生,
  与诗意浪漫相拥。
  人生路上,
  且走且停,
  且看花开,
  且听风吟。

- 莫听穿林打叶声,
  何妨吟啸且徐行。
  竹杖芒鞋轻胜马,
  谁怕?
  一蓑烟雨任平生。

- 我只想生活在阳光下或雨里,
  太阳照耀时生活在阳光下,
  下雨时就生活在雨里。

- 我不要天上的星星,
  我只要尘世的幸福。

- 宠辱不惊，
  闲看庭前花开花落；
  去留无意，
  漫随天外云卷云舒。

- 我们最重要的不是去计较真与伪，
  得与失，
  名与利，
  贵与贱，
  富与贫，
  而是如何好好地快乐度日，
  并从中发现生活的诗意。

- 世界上只有一种真正的英雄主义，
  就是认清了生活的真相后依然热爱生活。

- 生活像一杯浓酒，
  不经三番五次地提炼，
  就不会这样可口！

- 仰观宇宙之大，
  俯察品类之盛，
  所以游目骋怀，
  足以极视听之娱，
  信可乐也。

- 大多数的奢侈品，
  以及许多所谓的舒适生活，
  不仅不是必不可少的，
  而且对人类进步大有妨碍。

- 这凡尘到底有什么可留恋的？
  原来，
  都是这些小欢喜啊。
  它们在我的生命里，
  唱着歌，
  跳着舞。
  活着，
  也就成了一件特别让人不舍的事情。

- 匆忙是时代的病症，
  从容是灵魂的解药。

- 生活的艺术，
  是平衡得失的艺术。

- 慢下来，
  才能听见自己的心跳。

- 我愿意深深地扎入生活，
  吮尽生活的骨髓，
  过得扎实，
  简单，
  把一切不属于生活的内容剔除得干净利落，
  把生活逼到绝处，
  用最基本的形式，
  简单，简单，再简单。

- 遍阅人情，
  始识疏狂之足贵；
  备尝世味，
  方知淡泊之为真。

- 十里长街市井连，
  月明桥上看神仙。

- 我在日常生活里的真正收获，
  是不可触摸、难以形容的，
  就像早晨和黄昏的霞光，
  我抓住的是些许星尘，
  是彩虹的碎片。

- 生活不是等待风暴过去，
  而是学会在雨中翩翩起舞。

- 车辙马蹄疏市井，
  花光竹影照门墙。

- 我频繁地记录着，
  因为生活值得。

四季 /等春风得意，等时间嘉许

春有百花秋有月，
夏有凉风冬有雪。
若无闲事挂心头，
便是人间好时节。

- 我问春风为何轰鸣，
  它说是我的灵魂澎湃作响。

- 黄色的花淡雅，
  白色的花高洁，
  紫红色的花热烈而深沉，
  泼泼洒洒，
  秋风中正开得烂漫。

- 春风有信,
  花开有期,
  所有美好都已经在路上。

- 遇事不决,
  可问春风。
  春风不语,
  即随本心。

- 我曾看到一个时间旅人,
  从身上拍落两场大雪,
  由心里携出一篮火焰,
  独自穿过整个冬天。

- 在秋日薄暮时分,
  来点小酒。
  秋日薄暮,
  用菊花煮竹叶青,
  人与海棠皆醉。

- 流光容易把人抛,
  红了樱桃,
  绿了芭蕉。

- 万物静观皆自得,
  四时佳兴与人同。

- 秋天把旧叶子揉掉了,
  你要听新故事吗?
  静静的河水睁着眼睛,
  笑着说:
  总有回家的人,
  总有离岸的船。

- 春华难得,
  夏叶难得,
  秋实难得,
  冬雪难得,
  生命中的每一天都很难得。

- 秋天的云是一种如何的美呢？
  它是那种繁华落尽见真醇，
  是无情荒地有情天，
  蓦然回首的灯火阑珊，
  是诗歌里轻轻的惊叹号，
  是碧蓝大海里的小舟。

- 很多人说生活没那么简单，
  可是生活本就是一餐一饭，
  一生专心做好一件事，
  守着亲人留下的宅院，
  缝缝补补，
  在四季风物的更替里缓缓前进的。

- 黄昏的天空，
  在我看来，
  像一扇窗户，
  一盏灯火，
  灯火背后的一次等待。

- 在夏天,
  我们吃绿豆、桃、樱桃和甜瓜。
  在各种意义上都漫长且愉快,
  日子发出声响。

- 等到快日落的时候,
  微黄的阳光斜射在山腰上,
  那点薄雪好像忽然害了羞,
  微微露出点粉色。

- 雪是一封温柔的求和信,
  落在窗沿上,
  祝你展信愉快。

- 原野上有一股好闻的淡淡焦味,
  太阳把一切成熟的东西焙得更成熟,
  黄透的枫叶杂着赭尽的橡叶,
  一路艳烧到天边。

- 春夏之交,
  草木际天;
  秋冬雪月,
  千里一色;
  风雨晦明之间,
  俯仰百变。

- 连日温馨的霏霏细雨,
  将夏日的尘埃冲洗无余。

- 日出江花红胜火,
  春来江水绿如蓝。

- 一道残阳铺水中,
  半江瑟瑟半江红。

- 天街小雨润如酥,
  草色遥看近却无。

自然／一花一世界，一叶一菩提

西塞山前白鹭飞，
桃花流水鳜鱼肥。
青箬笠，绿蓑衣，
斜风细雨不须归。

- 自然不会给你答案，
  而是让你忘记问题。

- 草在结它的种子，
  风在摇它的叶子，
  我们站着，
  不说话，
  就十分美好。

- 天色已经暗了,
  月亮才上来。
  黄黄的,
  像玉色缎子上,
  刺绣时弹落了一点香灰,
  烧煳了一小片。

- 水光潋滟晴方好,
  山色空蒙雨亦奇。
  欲把西湖比西子,
  淡妆浓抹总相宜。

- 夜的香气弥漫在空中,
  织成了一个柔软的网,
  把所有的景物都罩在里面。

- 山果熟,
  水花香,
  家家风景有池塘。

- 在四月的末梢,
  生命正在酝酿着一种芳醇的变化,
  一种未能完全预知的骚动。

- 在月光下棕榈树的叶子在瑟瑟抖动,
  透过竹林的缝隙,
  月光仿佛在向湖水眨眼示意。

- 大漠孤烟直,
  长河落日圆。

- 半轮寒月,
  高挂在天空的左半边。
  淡青的圆形天盖里,
  也有几点疏星,
  散在那里。

- 天地与我并生,
  而万物与我为一。

- 造化可能偏有意,
  故教明月玲珑地。

- 山有灵而万物生,
  水有气而澈见底,
  我有心而近自然。

- 待到春风二三月,
  石垆敲火试新茶。

- 山不让尘,
  川不辞盈。

- 采菊东篱下,
  悠然见南山。

旅途 / 最美的风景在路上

穿过人山人海,
去看星辰大海。

- 听闻远处山花如翡,
  于是不远万里也要去看,
  你不必理解我为何不辞辛苦跋山涉水,
  陪我去就是了。

- 要么读书,
  要么旅行,
  身体和灵魂,
  总要有一个在路上。

- 从明天起,
  做一个幸福的人。
  喂马、劈柴,
  周游世界。

- 在时光里,
  给自己一段柔软,
  一段心无旁骛的自由。
  去出发,
  去旅行,
  去你心心念念的诗与远方。

- 倒也不是好色,
  只是花开得正艳,
  我若不去欣赏,
  就显得我不解风情了!

- 人生就是一趟救赎之旅,
  最后就是和所有的和解。

- 旅行最大的好处,
  不是遇见多少人,
  看见多美的风景,
  而是走着走着,
  在一个际遇下,
  突然重新认识了自己。

- 常记溪亭日暮,
  沉醉不知归路。
  兴尽晚回舟,
  误入藕花深处。
  争渡,争渡,
  惊起一滩鸥鹭。

- 有趣的人生,
  一半是家长里短,
  一半是山川湖海。

- 走穿高跟鞋走不到的路,

遇在写字楼遇不到的人，
旅行是对平庸生活的一次越狱。

- 走走停停，
  或雨或晴。
  没关系，
  都是好风景。

- 如果你不出去走走，
  你就会以为这就是世界。

- 在喧嚣中寻找宁静，
  在匆忙中种植耐心。

悦己 / 春风十里，不如悦己

樱花树下站谁都美，
我的爱给谁都热烈，
不是你好，
是我好。

- 无心风月，
  独钟自己。

- 太感性过不了柴米油盐，
  太理性过不了风花雪月。
  余生只愿手执烟火以谋生，
  心怀诗意以谋爱，
  过成自己喜欢的样子。

- 角度不同,
  又怎会互相理解,
  位置不同,
  又怎能感同身受。
  人一生最重要的课题就是找到自己,
  接受自己,
  并且学会独处,
  在自己的世界里独善其身,
  在别人的世界里顺其自然。

- 一个人能使自己成为自己,
  比什么都重要。

- 若你决定灿烂,
  山无遮,
  海无拦。

- 爱自己,
  是终生浪漫的开始。

- 真正能给你撑腰的，
  是丰富的知识储备，
  足够的经济基础，
  持续的情绪稳定，
  可控的生活节奏，
  和那个打不败的自己。
  以后的日子去多长点本事，
  多看世界，
  多走些路，
  把时间花在正事上，
  变成自己打心底喜欢的人。

- 风再冷不想逃，
  花再美也不想要，
  任我飘摇。
  天越高心越小，
  不问因果有多少，
  独自醉倒。

- 如果你不爱自己,
  当别人对你指指点点时,
  你或多或少会觉得他们说得对。

- 我不再装模作样地拥有很多朋友,
  而是回到了孤单之中,
  以真正的我开始独自的生活。

- 我们曾如此期盼外界的认可,
  到最后才知道,
  世界是自己的,
  与他人毫无关系。

热爱 / 热爱可抵岁月漫长

这一生拥有的,
我们终将失去。
你不妨大胆一些,
爱一个人,攀一座山,
追一个梦。

- 有理想的人,
  生活总是火热的。

- 在神圣的黑夜中走遍大地,
  热爱人类的痛苦和幸福,
  忍受那些必须忍受的,
  歌唱那些应该歌唱的。

- 登山则情满于山,
  观海则意溢于海。

- 他们的爱与风华,
  只问自由,
  只问盛放,
  只问深情,
  只问初心,
  只问勇敢,
  无问西东。

- 当我们真正热爱这个世界时,
  我们才能真正生活在这世上。

- 有时我们总想成为别人,
  以至那个藏在心里的独一无二,
  被忽略了很多年。
  世间最独一无二的,
  叫作专属于我的——热爱。

- 人类世界永远只有一种成功，
  那就是用自己最热爱的方式，
  过完不够漫长的一生。

- 我并不是热爱这个行业，
  我只是热爱音乐。

- 每个人为了活下去都必须找到点燃自己心头之火的力量，
  那烈焰就是灵魂的食粮。

- 千万丈的大厦总要有片奠基石，
  最初的爱好无可替代。

人间清醒

花有花期,
人有时运,
要努力,但别着急,
繁花似锦,
硕果累累都需要过程。

内耗

竞争

梦想

自律

松弛

内耗 / 除了生死，都是小事

人生就像荡秋千，
起的时候，
要有落的准备，
落的时候，
要有起的信心。

- 如果你太在意自己的痛苦，
  或者太想让他人在意你的痛苦，
  只会让自己陷入被忽略的痛苦，
  甚至是表演痛苦的痛苦。

- 每个人的花期不同，
  不必焦虑别人比你提前拥有。

- 用不着操心去装门面,
  不必苦心焦虑去钩心斗角,
  也不必为了妒忌别人和患得患失而烦恼。

- 如果一个人影响到了你的情绪,
  你的焦点应该放在控制自己的情绪上,
  而不是在影响你情绪的人身上。

- 已知花意,未闻花名;
  再见花时,泪落千溟。
  我们总是在意自己错过太多,
  却不知自己曾经拥有多少。

- 我们承认一切都很美好,
  根本没有烦恼的必要,
  事实上我们应该认识到,
  真正不为任何东西而感到烦恼,
  对我们有多么重要。

- 生活中有很多的不如意,
  如果一不开心,
  就寄希望于如果当初。
  那你永远都不会开心,
  幻境再美终是梦,
  珍惜眼前始为真。
  莫使金樽空对月,
  举杯幸会有缘人。

- 有时候,
  我们明明原谅了那个人,
  却无法真正快乐起来。
  那是因为,
  你忘了原谅自己。

- 没有一种生活是可惜的,
  也没有一种生活是不值得的,
  所有的生活都充满了财富,
  只不过看你开采了还是没有开采。

- 从当下这一刻起,
  拒绝内耗,
  做行动的巨人。
  只因,
  命运不会偏袒任何人。
  却会眷顾一直朝着光亮前进的人。

- 生活方式就像一个漫长的故事,
  或者像一座使人迷失的迷宫。
  很不幸的是,
  任何一种负面的生活方式都有很多乱七八糟的细节,
  使它变得很有趣。
  人就在这种趣味中沉沦下去,
  从根本上忘记这种生活需要改进。

- 来世上一遭不容易,
  本就是要好好过日子的。
  眼睛是长在前面的,
  本就应该向前看的。

- 曾经拥有的，
  不要忘记。
  已经得到的，
  更要珍惜。
  属于自己的，
  不要放弃。
  已经失去的，
  留作回忆。

- 生活中，
  有人果断勇敢，
  潇洒坦荡，
  拿得起放得下，
  活得自在随心；
  也有人畏首畏尾，
  犹豫不决，
  拿不起又放不下，
  活得痛苦纠结。

竞争 /昨日之深渊，今日之浅谈

痛苦是对的，
焦虑也是对的。
痛苦的本质源于你对现状的不满，
焦虑的本质源于你成长速度太慢。

- 还活着，
  就一定要和这个世界死磕到底。

- 你要学会前进，
  人群川流不息，
  在身边像晃动的电影胶片，
  你怀揣自己的颜色，
  往一心要到的地方。

- 我本不善言辞,
  却忙于人际交往。
  我本喜欢孤独,
  却四处奔波劳碌。
  而这一切都是为了,
  得到那能解万丈惆怅的碎银几两,
  原来这个世界,
  不允许我们内向。

- 你可以假装努力,
  但是结果不会陪你演戏,
  请你不要自欺欺人。

- 没有谁的成功是白白得来的,
  不付出努力,
  你怎么活成你想要的样子。

- 三更灯火五更鸡,正是男儿读书时。
  黑发不知勤学早,白首方悔读书迟。

- 你吃不了的苦,

 有人能吃;

 你背不下来的书,

 有人能背;

 你愿意拖到明天做的事,

 有人今天努力完成。

 那么,

 你想去的学校只能别人去了,

 你想做的工作只能别人做了,

 你想过的生活只能别人过了。

 你,

 真的甘心吗?

- 生命的高贵与卑微,

 本是相对的。

 纵使不幸卑微成一株杂草,

 通过自己的努力,

 也可以让命运改道,

 活出另一番风景。

- 每一个不曾起舞的日子,
  都是对生命的辜负。

- 生活是一场艰苦的斗争,
  永远不能休息一下,
  要不然,
  你一寸一尺苦苦挣来的,
  就可能在一刹那间前功尽弃。

- 每个人的手上都握着一把打开奇迹大门的钥匙,
  只是,
  明白这个道理的人少之又少。
  改变命运的奇迹,
  从不以匆匆的姿态出现。
  只要心怀改变的梦,
  一步步不断积累,
  总有一天,
  奇迹之门会为你敞开。

- 攀登顶峰，
  这种奋斗的本身就足以充实人的心。
  人们必须相信，
  登山不止就是幸福。

- 坐在家里无所事事，
  只会让你与想要的生活失之交臂。

- 当你努力做事时，
  你可能会失败。
  但是，
  失败，
  并不是因为你是一个天生的失败者，
  而是因为你还没有完全摸到门道。
  坚持用不同的方法去尝试，
  总有一天，
  你会完全弄明白的。

- 少壮不努力，老大徒伤悲。

梦想 / 耀眼一点，你有资格

年少的你，
眼里应该是星辰大海，
而不是世俗沧桑。

- 我生来就是高山而非溪流，
  我欲于群峰之巅俯视平庸的沟壑。
  我生来就是人杰而非草芥，
  我站在伟人之肩藐视卑微的懦夫！

- 管它玫瑰还是蔷薇，
  就算是一朵野花，
  我也会在风雨中盛开。

- 半山腰总是最挤的,
  你得去山顶看看。

- 零星地变得优秀,
  也能拼凑出星河。

- 总有人要赢,
  为什么不能是我?

- 一个人使劲踮起脚尖靠近太阳的时候,
  全世界都挡不住他的阳光。

- 原本无望的事情,
  大胆尝试往往能成功。

- 要么沉沦,
  要么就做珠穆朗玛峰峰顶。
  时人不识凌云木,
  直待凌云始道高。

- 不管多远的路都能走到尽头；
  人生本来就是一场即兴演出，
  直到每段旅程变成自己的舞台。
  踩着别人的脚印，
  不如开辟自己的领土。

- 二十年后，
  让你感到失望的不会是你做过的事，
  而是你没做过的事。

- 不想当将军的士兵不是好士兵，
  但是，
  当不好士兵的士兵绝对当不好将军。

- 江山代有才人出，
  各领风骚数百年。

- 当你的才华撑不起你的野心的时候，
  你就应该静下心来学习。

- 水到绝境是瀑布,
  人到绝境是重生。

- 每个人都是他自己命运的设计者和建筑师。
  雄心未竟即是野心,
  野心已达便为雄心。

- 梦想,
  可以天花乱坠,
  理想,
  是我们一步一个脚印踩出来的坎坷道路。

- 一个人至少拥有一个梦想,
  有一个理由去坚强。
  心若没有栖息的地方,
  到哪里都是在流浪。

- 梦想不会发光,
  真正发光的是追寻梦想的你。

- 没有一颗心会因为追求梦想而受伤,
  当你真心渴望某样东西时,
  整个宇宙都会来帮忙。

- 恢弘志士之气,
  不宜妄自菲薄。

自律 / 独处守心，群处守口

最慢的步伐不是踱步，
而是徘徊；
最快的脚步不是冲刺，
而是坚持。

- 在化茧成蝶之前，
  做好一只蛹该做的事。

- 先成为自己的山，
  再去找心中的海。

- 慢慢靠近想要的生活，
  就是自律给我们最大的奖励。

- 你自以为好心的提醒,
  但是在别人眼里,
  这是一种冒犯,
  也是一种干涉。

- 哪怕对自己的一点小小的克制,
  也会使人变得强而有力。

- 登峰造极的成就源于自律。

- 自制是一种秩序,
  一种对于快乐与欲望的控制。

- 最好的药物是忙碌,
  最好的治愈是读书,
  最好的爱情是自爱,
  最好的自爱是自律。

- 请用绝对清醒的理智去压制你不该有的情绪。

- 征服自己的一切弱点，
  正是一个人伟大的起始。

- 以细行律身，
  不以细行取人。

- 路虽远，
  行则可至，
  事虽难，
  做则可成。
  无论生活怎样，
  希望你保持自律保持热爱。

- 那些在别人看不见的地方也自律的人，
  连老天都不忍辜负。
  请相信：
  在暗处执着生长，
  终有一日馥郁传香。

- 两年学说话,
  一生学闭嘴。

- 别着急让生活一下子给予你所有的答案,
  沉下心来,
  默默蓄力。
  绳锯木断,
  水滴石穿,
  你日复一日的努力,
  终会迎来厚积薄发的一天。

- 君子求诸己,
  小人求诸人。

- 不能胜寸心,
  安能胜苍穹。

松弛 / *理解一切，包括自己*

休论身外事，
且尽目前欢。

- 世界上的事情，
  最忌讳的就是十全十美。
  你看那天上的月亮，
  一旦圆满了，
  马上就要亏欠；
  树上的果子，
  一旦熟透了，
  马上就要坠落。
  凡事总是稍留欠缺，
  才能持恒。

- 人生处在低潮的时候,
  就把它当作一个神赐的、长长的假期,
  人不需要总是尽全力冲刺的。

- 没有人的人生是完美的,
  但生命的每一刻都是美丽的。

- 夏日里偶尔躺在树荫下的草坪上,
  耳听流水淙淙声,
  眼望着蓝天浮云,
  这绝不是浪费时光。

- 且就洞庭赊月色,
  将船买酒白云边。

- 世界可以无聊,
  但你要有趣,
  生活可能不如意,
  但你要过得有诗意。

- 昨夜雨疏风骤,
  浓睡不消残酒。
  试问卷帘人,
  却道海棠依旧。
  知否,知否?
  应是绿肥红瘦。

- 行乐及时,
  上天给你什么,
  就享受什么。
  千万不要去听难堪的话,
  一定不去见难看的人或者做难做的事情,
  爱上不应爱的人。

- 问余何意栖碧山,
  笑而不答心自闲。

- 悠游于生活之上,
  自在地听懂花和一切无声之物的语言。

- 满堂唯有烛花红，
  歌且从容，
  杯且从容。

- 你来人间一趟，
  你要看看太阳，
  和你的心上人，
  一起走在街上。

- 闲来静处，
  且将诗酒猖狂，
  唱一曲归来未晚，
  歌一调湖海茫茫。

- 心小了，
  所有的小事就大了；
  心大了，
  所有的大事都小了；
  看淡世事沧桑，内心安然无恙。

- 盖天下之理,
  满则招损,
  亢则有悔,
  日中则昃,
  月盈则亏,
  至当不易之理也。

- 每个人都会有缺陷,
  就像被上帝咬过的苹果,
  有的人缺陷比较大,
  正是因为上帝特别喜欢他的芬芳。

自在独行

万般皆苦，

唯有自渡。

熬得住无人问津的寂寞，

才配得上诗和远方。

坚强

钝感力

内心
富足

孤独

独立

自由

坚强 / 哭给自己听，笑给别人看

世界以痛吻我，
我却报之以歌。

- 穷则变，变则通。
  你要有应对一切的豁达，
  还要有从头再来的勇气。

- 成年人的生活，
  万般皆苦，
  唯有自渡。
  活着就要遇山开山，
  见水架桥，
  其实一直陪着你的永远都是那个了不起的自己。

- 生活需要一剂良药，
  直面真实的感受，
  找到自我接纳的能力。

- 生活不可能像你想的那么好，
  但也不会像你想的那么糟。
  我觉得人的脆弱和坚强都超乎自己的想象，
  有时我脆弱得一句话就泪流满面，
  有时又发现自己咬牙走了很长的路。

- 很多人不需要再见，
  因为只是路过而已，
  遗忘就是我们给彼此最好的纪念。
  世界上最遥远的距离不是生离死别，
  而是对方已经云淡风轻，
  你却念念不忘，
  温柔要有，
  但不是妥协。
  我们要在安静中不慌不忙地坚强。

- 斩断昔日旧枷锁,
  今日方知我是我。

- 每个人都会坚持自己的信念,
  在别人来看是浪费时间,
  他却觉得很重要。

- 每次失恋的时候我都会去跑步,
  因为跑步是能够把我体内多余的水分蒸发掉,
  那样比较不容易流泪。

- 宁可枝头抱香死,
  何曾吹落北风中。

- 我们清楚地看过未来的痛苦、死亡、离别……
  可即便如此,
  我们还是义无反顾地奔跑,
  像痛击岩石的浪潮,
  一遍又一遍冲向陡峭的未来!

- 见海辽远，就心生豪迈。
  见花盛开，不掩心中喜悦。
  前路有险，却不知所畏。

- 把荆棘当作花，
  才能在刺尖上开出花朵。

- 只要活着，
  人生总会有办法的。
  能吃饱，能睡好，
  有一份维持最低限度生活的工作，
  一定没问题。

- 从容是真，
  宽释是福；
  有敬无畏，
  乐以忘忧。

- 即使跌倒一百次，
  也要一百零一次地站起来。

钝感力 / 心若不动，风又奈何

首先你要开心，
剩下的无所谓。

- 我的人生是我的，
  你的人生是你的。
  只要你清楚自己在寻求什么，
  那就尽管按自己的意愿去生活。
  别人怎么说与你无关。

- 人只应服从自己内心的声音，
  不屈从于任何外力的驱使，
  并等待觉醒那一刻的到来。

- 如果别人的声音影响到你的时候，
  不如听取那个最顺耳，
  最能使自己振作并且努力下去的声音。

- 佛典有云：
  旗未动，风也未吹，
  是人的心自己在动。

- 无须时刻保持敏感，
  迟钝有时即为美德。
  尤其与人交往时，
  即便看透了对方的某种行为或者想法的动机，
  也需装出一副迟钝的样子。
  此乃社交之诀窍，
  亦是对人的怜恤。

- 爱笑的人，
  运气不会太差。

- 泰山崩于前而色不改,
  麋鹿兴于左而目不瞬。

- 一茅斋,野花开。
  管甚谁家兴废谁成败,
  陋巷箪瓢亦乐哉。
  贫,志不改;
  达,志不改。

- 松树千年终是朽,
  槿花一日自为荣。
  在一日便得一日欢喜。

- 风力掀天浪打头,
  只须一笑不须愁。

- 最崇高的理想,
  就是一个人不必逃避人类社会和人生,
  而本性仍能保持原有的快乐。

- 世界上的共振太多,
  而我的耳朵,
  永远长向身体内侧,
  和自己同频。
  其他万籁芸芸,
  我不听,
  那就只是声音。

- 从现在起,
  我开始谨慎地选择我的生活,
  我不再轻易让自己迷失在各种诱惑里。
  我心中已经听到来自远方的呼唤,
  再不需要回过头去关心身后的种种是非与议论。
  我已无暇顾及过去,
  我要向前走。

内心富足 / 心中有花，何惧风霜

在心里种花，
人生才不会荒芜。

- 要记得在庸常的物质生活之上，
  还有更为迷人的精神世界，
  这个世界就像头顶上夜空中的月亮，
  它不耀眼，
  散发着宁静又平和的光芒。

- 我们曾如此渴望命运的波澜，
  到最后才发现，
  人生最曼妙的风景，
  竟是内心的淡定与从容。

- 如果你有两块面包,
  你得用其中一块面包去换一朵水仙花。

- 庭院岂生千里马,
  花盆难养万年松。

- 见人间,眼无是非;
  望岁月,心有玫瑰。

- 没有一艘船能像一本书,
  也没有一匹马能像一页跳跃着的诗行那样,
  把人带往远方。

- 如果我写不出美丽的书,
  至少我可以读到美丽的书,
  还有什么能比这更使我快乐?

- 培养阅读的习惯能够为你筑造一座避难所,
  让你逃脱几乎人世间的所有悲哀。

- 妈妈总是对我说,
  每天都会有奇迹。
  有些人并不同意,
  但这是真的。

- 如果有一天跟你共鸣的,
  全都是古往今来、古今中外那些最智慧、最深刻、最敏锐、最丰富、最博学的大脑,
  你大概率不会太差,
  你的精神世界也大概率会非常丰富。

- 山川是不卷收的文章,
  日月为你掌灯伴读。
  你看倦了诗书,
  你走倦了风物。
  你离了家,
  又忘了旧路。
  此时此地一间柴屋,
  谁进了门,谁做主。

- 拥有好朋友、好书和一颗宁静的心，
  这就是理想的生活。

- 五花马，千金裘，
  呼儿将出换美酒，
  与尔同销万古愁。

- 种竹栽花猝未休，
  乐天知命且无忧。
  百年自运非人力，
  万事从今与鹤谋。

- 一尘不染不是没有尘埃，
  而是尘埃任它飞扬，
  我自做我的阳光。

- 宜竹宜松，宜山宜溪。
  有月与风，无适不宜。

孤独 / 人类的悲欢并不相通

你永远不懂我伤悲,
像白天不懂夜的黑。

- 孤独是关上灯,
  与发光的灵魂为伴。

- 我爱大风和烈酒,
  还有孤独的自由。

- 落在一个人一生中的雪,
  我们不能全部看见,
  每个人都在自己的生命中,
  孤独地过冬。

- 你以为我刀枪不入,
  我以为你百毒不侵。

- 外向是生活需要,
  孤独是自我享受。

- 从童年起,
  我便独自一人,
  照顾着历代的星辰。

- 长安道,人无衣,马无草,
  何不归来山中老。

- 不要害怕孤独,
  因为孤独是自由的代价,
  也是自由的馈赠。
  在孤独中,
  我们才能更加深入地思考,
  更加清晰地认识自己。

- 我是个靠孤独过活的人，
  孤独之于我就像食物跟水。
  一天不独处，
  我就会变得虚弱。
  我不以孤独为荣，
  但我以此维生。
  屋子里的黑暗对我来说就像阳光一样。

- 好多人在说自己孤独，
  说自己孤独的人其实并不孤独。
  孤独不是受到了冷落和遗弃，
  而是无知己，
  不被理解。
  真正的孤独者不言孤独，
  偶尔做些长啸，
  如我们看到的兽。

- 我们穿着盔甲行走在人世间，
  我们所爱的人近在咫尺却又无法触及。

- 生活得最有意义的人,
  并不就是年岁活得最大的人,
  而是对生活最有感受的人。

- 我的社交生活就像我的衣柜,
  大部分都是旧的,
  而且不常穿。

- 大多数时候,
  我们那些惊天动地的伤痛,
  在别人眼里,
  不过是随手拂过的尘埃。

- 在任何关系里,
  理解并不常见,
  误会却是人间常态。
  所以,
  比起过着被人左右情绪的生活,
  我更喜欢无人问津的日子。

- 花无人戴，
  酒无人劝，
  醉也无人管。

- 我只有在人群中才会感到孤独。

- 你要足够完整，
  才能健康地去爱其他的人，
  去照顾和负担其他的人。
  孤独的核心价值是跟自己在一起。

- 你说你孤独，
  就像很久以前，
  长星照耀十三个州府。

- 我想所谓孤独，
  就是你面对的那个人，
  他的情绪和你自己的情绪，
  不在同一个频率。

- 没有自我的人,
  走到哪里都找不到自我。
  而孤独的人,
  无论在谁身旁,
  都还是一样孤独。

- 我周围人声鼎沸,
  他们讨论着我不喜欢的话题,
  我只好微笑,
  目光深远,
  于是孤独从四面八方涌来,
  将我吞噬。

独立／不依附不攀附，不委屈不将就

人的精神寄托可以是音乐，
可以是书籍，
可以是工作，
可以是山川，
唯独不可以是人。

- 人生若有知己相伴固然妙不可言，
  但那可遇而不可求，
  真的，
  也许既不可遇又不可求，
  可求的只有你自己，
  你要俯下身去，
  朝着幽暗深处的自己伸出手去。

- 生而独一无二,

  无须人云亦云。

- 你不需要活成别人的样子,

  也不需要活成别人眼中幸福的样子。

  当你不受外界眼光的驱使而做自己的时候,

  那份自在,

  就是幸福的模样。

- 你不应该看到别人发光,

  就觉得自己暗淡无光。

  你可以是一朵玫瑰,

  也可以是生生不息的野草。

- 愿你在被打击时记起你的珍贵,

  抵抗恶意;

  愿你在迷茫时坚信你的珍贵,

  爱你所爱,

  行你所行。

- 别人帮你,
  那是情分;
  不帮你,
  那是本分。
  容不容得下是你的气度,
  能不能让你容下是我的本事。

- 万物有灵,
  自在皆独行,
  独行易得,
  自在难寻。

- 别人说你变了,
  是因为你没有按照他的想法生活罢了。

- 人生不过如此,
  且行且珍惜,
  自己永远是自己的主角,
  不要总在别人的戏剧里充当着配角。

- 一个人真正独立起来是一件特别可怕的事情。

  因为无所期待,

  也就无所畏惧,

  从此眼光就只落在自己身上。

  其实,

  关于生活,

  我们早已心知肚明,

  就无须过多煽情,

  做人倔一点,

  万事都能熬过去。

- 唯有自己活得精彩,

  不再患得患失,

  不再讨谁欢喜,

  不再畏首畏尾害怕困难,

  亦不再瞻前顾后犹豫不决,

  方可成为一个让人尊重的独立的女人,

  外表柔软,

  内心硬气地生活。

自由 /你是风啊,别怕大山

我将玫瑰藏于身后,
风起花落,
从此鲜花赠自己,
纵马踏花向自由。

- 自由是什么?
  自由就是你孤独地站立,
  不依恋,不惧怕。

- 在自己喜欢的时间里,
  按照自己喜欢的方式,
  去做自己喜欢做的事,
  对我而言这便是自由人的定义。

- 我从来不认为人的自由是在于他想干什么就干什么；

  恰恰相反，

  我认为人的自由是在于他可以不干他不想干的事。

  我所追求的和想保有的自由，

  是后一种自由。

- 人群太吵了，

  我想去听旷野的风，

  感受它带来的安静与孤独，

  踏实又自由。

- 当你说你不自由的时候，

  不是指你失去了什么的自由，

  而是你想做的事得不到足够的认同，

  那给了你精神上或道德上的压力，

  于是你觉得被压迫、被妨碍、被剥夺。

  翅膀长在你的肩上，

  太在乎别人对于飞行姿势的批评，

  所以你飞不起来。

- 我要有能做我自己的自由，
  和敢做我自己的胆量。

- 世间风物论自由，
  喜一生我有，
  共四海丰收。

- 自由的价值不在于它给了我们多少选择，
  而在于它让我们选择如何生活。

- 天地虽大却不如斟两壶，
  与你一马一剑驰骋川谷。
  闲了秦筝懒了花囊绣布，
  身披日月饮江湖。
  从此管他几番岁月寒暑，
  逍遥人间笑看俗世痴怒。
  今宵对剑起舞，
  明朝海阔信步，
  携手归途。

- 以清净心看世界，
  以欢喜心过生活，
  以平常心生情味，
  以柔软心除挂碍。

- 去爱一场，恨一场，
  放浪一场，梦一场。
  人间呐，
  走一遭，风月皆坦荡，
  不辜负世上光阴万象。

- 任何一个你不喜欢又离不开的地方，
  任何一种你不喜欢又摆脱不了的生活，
  都是监狱。
  如果你感到痛苦和不自由，
  希望你心里永远有一团不会熄灭的火焰，
  不要麻木，
  不要被同化。

人生海海

心有雷霆面若静湖,

这是生命的厚度,

是沧桑堆积起来的。

逆境

得失

学问

释怀

逆境 / 行到水穷处，坐看云起时

生如蝼蚁当立鸿鹄之志，
命薄如纸应有不屈之心。

- 生活坏到一定程度就会好起来，
  因为它无法更坏，
  努力过后才知道许多事情，
  坚持坚持，
  就过来了。

- 每个人的生命中，
  都有无比艰难的那一年，
  将人生变得美好而辽阔。

- 居逆境中,
  周身皆针砭药石,
  砥节砺行而不觉;
  处顺境内,
  眼前尽兵刃戈矛,
  销膏靡骨而不知。

- 昨日之深渊,
  今日之浅谈。

- 人生原是战场,
  有猛虎才能在逆流里立定脚跟,
  在逆风里把握方向,
  做暴风雨中的海燕,
  做不改颜色的孤星。

- 我并不期待人生可以过得很顺利,
  但我希望碰到人生难关的时候,
  自己可以是它的对手。

- 人生有很多眼泪冲不掉的悲伤,
  所以真正坚强的人,
  都是越想哭反而笑得越大声,
  怀着痛楚和悲伤,
  带笑前行。

- 天若无雪霜,
  青松不如草。

- 且挨过三冬四夏,
  暂受些此痛苦,
  雪尽后再看梅花。

- 当现实给你一巴掌的时候,
  你应该和他击个掌。

- 你得明白,
  正因为生活艰辛,
  神明才有存在的理由。

- 后背上的疼痛是为了萌发翅膀，
  静止不动的石头必将爬满青苔。

- 越是认为自己行，
  你就会变得越高明，
  积极的心态会创造成功。

- 勇敢的人，
  不是不落泪的人，
  而是愿意含着泪继续奔跑的人。

- 我还是相信，
  星星会说话，
  石头会开花，
  穿过夏天的木栅栏和冬天的风雪之后，
  你终会抵达。

- 患难困苦，
  是磨炼人格之最高学校。

- 你要忍，忍到春暖花开；
  你要走，走到灯火通明；
  你要看过世界辽阔，
  再评判是好是坏；
  你要铆足劲变好，
  再旗鼓相当站在不敢想象的人身边；
  你要变成想象中的样子，
  这件事一步都不能让。

- 我觉得坦途在前，
  人又何必因为一点小障碍而不走路呢？

- 天空黑暗到一定程度，
  星辰就会熠熠生辉。

- 顺时多做事，
  逆时多读书，
  事缓则圆，
  人和则安。

得失 /输得起,方能赢

凡我所失,皆非我所有。
凡我所求,皆受其所困。

- 我一直以为是我自己赢了,
  直到有一天看着镜子,
  才知道自己输了,
  在我最美好的时候,
  我最喜欢的人都不在我身边。

- 我不知何为君子,
  但每件事肯吃亏的便是;
  我不知何为小人,
  但每件事好占便宜的便是。

- 你凭什么以为你十年寒窗，

  能抵得过我三代从商。

- 黄金白璧买歌笑，

  一醉累月轻王侯。

- 幸福，

  不是长生不老，

  不是大鱼大肉，

  不是权倾朝野。

  幸福是每一个微小的生活愿望达成。

  当你想吃的时候有得吃，

  想被爱的时候有人来爱你。

- 你不可能同时拥有春花和秋月，

  不可能同时拥有硕果和繁花。

  你要学会权衡利弊，

  学会放弃一些什么，

  然后才可能得到些什么。

- 总想着得失,
  那么就会觉得勉强自己,
  甚至产生心结。
  与其如此,
  还不如率性而为,
  跟随心的决定。

- 莲因舍弃牡丹的雍容而圣洁;
  虹因舍弃磐石的永恒而炫彩;
  山因舍弃水的灵动而伟岸。

- 人生得也罢,失也罢,
  成也罢,败也罢,
  只是心灵的那泓清泉不能没有月辉。

- 人生最幸福的一刹那,
  不是成功的时刻,
  而恰恰是失败后省悟的一瞬。

学问 / 世事洞明皆学问

众里寻他千百度，
蓦然回首，
那人却在灯火阑珊处。

- 往上爬的时候要对别人好一点，
  因为你走下坡路的时候会碰到他们。

- 生活所需的一切不贵豪华，贵简洁；
  不贵富丽，贵高雅；
  不贵昂贵，贵合适。

- 快乐之道不在于做自己喜爱的事，
  而在于喜爱自己不得不做的事。

- 人生像攀登一座山，
  而找寻出路却是一种学习的过程。
  我们理应在这过程中，
  学习稳定、冷静，
  学习如何从慌乱中找到生机。

- 生活的智慧在于逐渐澄清滤除那些不重要的杂质，
  而保留最重要的部分
  ——享受家庭、生活文化与自然的乐趣。

- 咖啡苦与甜不在于怎么搅拌，
  而在于是否放糖；
  一段伤痛不在于怎么去忘记，
  而在于是否有勇气重新开始。

- 没有人有耐心听你讲完自己的故事，
  因为每个人都有自己的话要说；
  没有人喜欢听你抱怨生活，
  因为每个人都有自己的苦痛。

- 人类的最高理想应该是人人能有闲暇,
  于必需的工作之余还能有闲暇去做人,
  有闲暇去做人的工作,
  去享受人的生活。

- 理想的人并不是完美的人,
  通常只是受人喜爱,
  并且通情达理的人,
  而我只是努力去接近于此罢了。

- 生活中的失败者,
  无非因为做了两件事:
  用自己的嘴干扰别人的生活,
  靠别人的脑子思考自己的人生。

- 当众人都哭时,
  应该允许有的人不哭;
  当哭成为一种表演时,
  更应该允许有的人不哭。

- 不要对一个人太好，

  因为你终有一天会发现，

  对一个人好，

  时间久了，

  那个人会把这一切看作是理所当然。

- 一个人的缺点正像猴子的尾巴，

  猴子蹲在地面的时候，

  尾巴是看不见的，

  直到它向树上爬，

  就把后部供大众瞻仰，

  可是这红臀长尾巴本来就有，

  并非地位爬高了的新标识。

- 人有三个基本错误是不能犯的：

  一是德薄而位尊，

  二是智小而谋大，

  三是力小而任重。

释怀 / *盛不盛开,花都是花*

我偷了落日的酒,
与自己化敌为友。

- 看开了,
  谁的头顶都有一片蓝天;
  看淡了,
  谁的心中都有一片花海。

- 没有人规定一朵花必须长成玫瑰。

- 不在烂人烂事上纠缠,
  不委曲求全,
  不消耗自己。

- 睡前原谅一切，
  醒来不问过往，
  珍惜所有的不期而遇，
  看淡所有的不辞而别。

- 你若爱，生活哪里都可爱。
  你若恨，生活哪里都可恨。
  你若感恩，处处可感恩。
  你若成长，事事可成长。

- 山高水长，
  怕什么来不及，
  慌什么到不了。
  天顺其然，
  地顺其性，
  一切都是刚刚好。

- 人生在世，
  还不是有时笑笑人家，

有时给人家笑笑。

- 人生聚散本是常态,
  因缘而起,皆是注定。
  一念即是一劫,
  一念放下,
  便是重生,
  你以为你错过的遗憾,
  很可能是你躲过了一劫。

- 一站有一站的风景,
  一岁有一岁的味道。
  别拿过去的事,
  衡量现在的人。

- 使我们不快乐的都是一些芝麻小事,
  就像我们可以躲闪一头大象,
  却躲不开一只苍蝇。

- 回首向来萧瑟处,
  归去,
  也无风雨也无晴。

- 缘起缘灭缘自在,
  情深情浅不由人,
  世人皆各有各的渡口,
  各有各的归舟,
  山水一程,
  人各有命。
  往事别再重提,
  过去的就让它过去。

版权声明

本书中部分句子未找到作者及其联系方式,恳请作者看到时联系,我们会向您支付相应稿费以及赠送样书。联系邮箱:284209998@qq.com